DEUTSCHE AKADEMIE DER WISSENSCHAFTEN ZU BERLIN

VORTRÄGE UND SCHRIFTEN

HEFT 24

Die Maßstäbe des Kosmos

von Prof. Dr. H. Kienle

1948

AKADEMIE-VERLAG BERLIN

Erschienen im Akademie-Verlag GmbH., Berlin NW 7, Schiffbauerdamm 19
Veröffentlicht unter der Lizenznummer 156 der SMA in Deutschland
Gedruckt in der Buchdruckerei Oswald Schmidt GmbH., Leipzig M 118
Bestell- und Verlagsnummer 2003/24
Preis RM 1,50

„Der Mensch ist das Maß aller Dinge", so lehrte Protagoras vor fast zweieinhalb Jahrtausenden. In folgerichtiger Fortführung dieses Gedankens will der extreme Positivismus unserer Tage die Aufgabe der Naturwissenschaften darauf beschränkt wissen, Beziehungen herzustellen zwischen beobachtbaren Größen, d. h. letzten Endes zwischen Sinnesempfindungen des Menschen. Dem gegenüber steht die Haltung derer, die mit Max Planck als treibende Kraft hinter allen Bemühungen des Naturforschers den Glauben an eine reale Außenwelt sehen, die unabhängig von dem erkennenden Subjekt existiert, deren Auswirkungen wir beobachtend und messend erleben, die wir in mathematischen Formeln beschreiben und in Bildern unserer Vorstellung zugänglich machen.

Das Grundmotiv, das die naturwissenschaftliche Forschung unserer Zeit beherrscht, ist die Objektivierung, die Ausschaltung des Menschen und seiner Sinnesorgane, die so mannigfachen Täuschungen unterliegen, aus den Ergebnissen der Beobachtung, die Mathematisierung in ihrer extremsten Form der Darstellung alles Geschehens durch die Gesetze der ganzen Zahlen. Indem wir alles Beobachtbare auf objektive Messungen von Längen und Zeiten zurückführen und auf die dabei sich ergebenden Maßzahlen den im freien Spiel des menschlichen Geistes geschaffenen mathematischen Apparat anwenden, glauben wir zu einem „Verständnis" der Natur zu kommen, zu ihrer geistigen und materiellen Beherrschung.

Allerdings besteht wohl in weiten Kreisen kaum ein Zweifel, daß wir auf diese Weise nicht die Gesamtheit des Seins erfassen.

Das stolze Wort von Laplace, daß er die Hypothese „Gott“ nicht nötig habe, wird heute nicht mehr mit solcher Unbedingtheit ausgesprochen wie zu jener Zeit, die berauscht war von den großen Erfolgen der Mathematisierung der Naturwissenschaft, die von Leibniz und Newton ihren Ausgang genommen und in der Mechanik des Himmels ihre großen Triumphe erlebt hat.

Mit dem Vorbehalt, daß dem Philosophen und dem Theologen überlassen bleibe, was deren Sache ist, möchte ich den Versuch machen, Ihnen darzulegen, wie es dem Astronomen gelingt, den gesamten Kosmos in den Bereich menschlicher Maße und Vorstellungen einzubeziehen; aufzuzeigen, mit welchen Maßstäben die Welt zu messen ist und wie diese Maßstäbe in die richtige Beziehung gesetzt werden können zu den Elementarerlebnissen von Raum und Zeit, deren wir als Menschen fähig sind.

Wir gehen aus von der räumlichen Ordnung unserer Umwelt, die wir gewöhnlich nach den drei Dimensionen der Länge, Breite und Höhe vornehmen. In den räumlichen Bildern, die wir von dieser Umwelt entwerfen, wird jeder Punkt festgelegt durch Angabe dreier Maßzahlen, seiner Koordinaten in einem rechtwinkligen oder cartesischen Koordinatensystem.

Statt dieser in drei zueinander senkrechten Richtungen gemessenen Abstände von einem festen Nullpunkt verwendet man mit Vorteil auch eine andere Art der Koordinatenangaben, die sich insbesondere bei allen astronomischen Beobachtungen zwangsläufig darbietet: die Polarkoordinaten. Der Astronom kann die Gegenstände seines Interesses ja nicht in den unmittelbaren Bereich seiner Hände bekommen und nach Länge, Breite und Höhe ausmessen; er kann primär nur Richtungen und Richtungsänderungen feststellen. Die Sterne erscheinen auf der „Himmelskugel“, in deren Mittelpunkt wir uns befinden; die Richtungen werden dadurch festgelegt, daß man die Kugel mit einem Gradnetz überzieht, das aus zwei aufeinander senkrecht stehenden Systemen von Kreisen besteht; jeder Punkt auf der Kugel erscheint als Schnittpunkt zweier Kreise. Zwei Maßzahlen, die „sphärischen Koordinaten“, bestimmen den „scheinbaren" Ort auf der Kugel und damit die Richtung, in der wir den Stern sehen.

Alle Objekte, die sich auf dem gleichen Sehstrahl befinden, erscheinen an der gleichen Stelle des Himmels, sie haben die gleichen sphärischen Koordinaten und sind so nicht unterscheidbar, solange wir nur diese zwei Koordinaten angeben. Erst wenn wir auch noch die Entfernung von uns als dritte Koordinate hinzufügen, wird der Ort im Raum eindeutig festgelegt. Diese dritte Koordinate aber ist es, die jeweils den Maßstab bestimmt; die Messung der Entfernungen der Sterne wird so zur entscheidenden Aufgabe.

Beim Messen von Abständen innerhalb des unseren Händen greifbaren Bereiches gehen wir so vor, daß wir einen in gleiche Teile geteilten Maßstab anlegen und abzählen, wie oft die Maßeinheit in der zu messenden Strecke enthalten ist. Die Bezeichnungen für die alten Maßeinheiten, Zoll – französisch le pouce –, Spanne, Fuß, Schuh, Elle, lassen deutlich ihre Herkunft erkennen: der menschliche Körper selbst hat diese Urmaße geliefert. Wir legen Daumen neben Daumen, um kleine Strecken auf dem Tisch zu messen, wir greifen mit der Spanne der ausgespreizten Hand oder setzen Fuß vor Fuß oder schreiten ab, wenn wir im Garten Pflanzlöcher markieren oder Beete und Wege abgrenzen. Zur Festlegung der Entfernungen auf der Landstraße werden Meilensteine gesetzt, auf Wegtafeln finden wir Angaben in Wegstunden.

Diese Beispiele lassen deutlich ein wesentliches Moment des Meßvorganges erkennen: die Anpassung der Einheit, mit der gemessen wird, an die Größe der zu messenden Strecke. Das Maß des Uhrmachers und des Feinmechanikers ist ein anderes als das des Zimmermanns oder des Grobschmiedes. Auf dem Zeichenbrett des Ingenieurs liegt der 30 bis 50 cm lange Millimetermaßstab, in den Händen des Landmessers sehen wir das nur in Zentimeter unterteilte 20 m-Bandmaß. Der Kleingärtner gibt seinen Grundbesitz in Quadratmetern an, der Großbauer rechnet mit Morgen oder Hektar.

Der Grund für diese verschiedene Wahl der Einheiten ist leicht aufzuzeigen: er liegt in unserer beschränkten Vorstellbarkeit von Zahlen. 5 Zoll sind als 5 nebeneinander gelegte Daumen eine gut vorstellbare Größe, vielleicht auch noch 10 oder 15. Wird die Zahl 20 überschritten, dann macht sich eine zunehmende Unsicherheit bemerkbar; wir erfassen eine solche Strecke nicht mehr als Summe der einzeln aneinandergereihten Maßeinheiten. Angaben wie etwa 492 Zoll oder 1357 Zoll können überhaupt keine Vorstellung mehr von einiger Bestimmtheit erwecken.

Diesem beschränkten Vorstellungsvermögen werden wir im allgemeinen dadurch gerecht, daß wir neue Einheiten wählen und daß wir diese größeren oder kleineren Einheiten aus der Grundeinheit ableiten durch Zusammenfassung oder Unterteilung. Die alten Maßsysteme benutzen dabei mit Vorliebe die Zahlen 12 oder 60: Ein Zoll hat 12 Linien, 12 Zoll geben einen Fuß; 12 Stück sind ein Dutzend, 12 Dutzend ein Gros; der Tag hat 2×12 Stunden, die Stunde 60 Minuten, die Minute 60 Sekunden.

Heute hat sich weitgehend das von der Französischen Revolution eingeführte dekadische System durchgesetzt, das für alle Unterteilungen und Zusammenfassungen die Potenzen der Zahl 10 benützt. Das Meter als Grundeinheit der Längen, definiert als der 40millionste Teil des Erdumfangs, praktisch festgelegt durch den Abstand zweier Marken auf dem in Paris aufbewahrten Urmaßstab aus Platin, wird unterteilt in Dezimeter, Zentimeter, Millimeter, Mikron und Millimikron. 1000 m geben zusammengefaßt als Kilometer die Einheit, die ausreicht, um die auf der Erde vorkommenden Entfernungen auszudrücken.

Die Verschiedenheit der Maßstäbe, in denen wir denken, tritt vor allem in Erscheinung, wenn wir die Ergebnisse der Messungen zeichnerisch darstellen, wenn wir Pläne entwerfen oder Modelle bauen. Die rationelle Einheit auf dem Zeichenblatt ist das Zentimeter; das normale in Zentimeter und Millimeter, allenfalls noch halbe Millimeter eingeteilte Lineal, mit dem wir auf dem Zeichenbrett hantieren, hat eine Länge von 30 bis 50 Zentimetern. Gegenstände von den Dimensionen unserer Hände zeichnen wir in natürlicher Größe, im Maßstab 1 : 1, mikroskopische Objekte in 10facher, 100facher, 1000facher Vergrößerung. Für den Bauplan eines Hauses ist der Maßstab 1 : 100 angemessen, Stadtpläne werden 1 : 10000 oder 1 : 25000 gezeichnet, Geländekarten 1 : 100000; um ganze Länder darzustellen, müssen Maßstäbe zwischen 1 : 1 Million und 1 : 10 Millionen gewählt werden. Die Oberfläche der ganzen Erde aber kann nur durch Verkleinerung im Maßstab 1 : 100 Millionen auf einem handlichen Blatt übersichtlich untergebracht werden.

Jeder Wechsel des Maßstabes zieht Änderungen der Einzelheiten nach sich, die dargestellt werden können. Im verkleinerten Maßstab verschmelzen Einzelheiten, die das Auge am Objekt selbst noch wahrnimmt, der vergrößerte Maßstab ermöglicht umgekehrt die Auflösung und Darstellung von Strukturen, die in natürlicher Größe nicht erkennbar sind. Die Grenzen, innerhalb deren wir uns vernünftigerweise bewegen dürfen, können nach oben und unten durch folgende Überlegung abgesteckt werden. Mit bloßem Auge, ohne Zuhilfenahme von Lupen oder anderen vergrößernden Vorrichtungen, können wir Objekte von 1 mm Größe gut erkennen, bei $^1/_{10}$ mm liegt die untere Grenze der Unterscheidbarkeit. Andererseits vermögen wir ohne allzu große Bewegungen des Kopfes gleichzeitig eine Fläche von etwa 50 cm × 50 cm zu überblicken. Setzen wir daher als obere Grenze für die Größe des Blattes, auf dem der Plan entworfen werden soll, 1 m × 1 m fest, dann kommen wir zu dem Schluß, daß wir in ein und demselben Maßstab im alleräußersten Fall Objekte zur Darstellung bringen können, deren Dimensionen im Verhältnis 1 : 10 000 stehen.

Bei unseren bisherigen Überlegungen sind wir davon ausgegangen, daß die Messung einer Entfernung durch das Anlegen eines Einheitsmaßstabes erfolgt. Im Prinzip ist diese Methode auf alle Messungen anwendbar, die auf der Erde innerhalb unseres Bewegungsspielraums vorgenommen werden; wir könnten grundsätzlich auch noch den Umfang der ganzen Erde mit einem entsprechend großen Bandmaß ausmessen. Das Verfahren versagt aber, wenn wir über die Erde hinaus nach den Sternen greifen wollen. Wir können kein materielles Bandmaß ausspannen zwischen der Erde und dem Mond oder der Sonne oder gar den nächsten Fixsternen. Das Band, das allein uns mit den Sternen verbindet, ist der Lichtstrahl, der den unseren Füßen unbeschreitbaren Raum überbrückt. Wie wir ihn in den Dienst unserer Aufgabe stellen können, das gilt es jetzt zu überlegen.

Dabei knüpfen wir an die eingangs gemachte Bemerkung an, daß wir mit Hilfe von Lichtstrahlen primär nur Richtungen und Richtungsänderungen feststellen, mathematisch gesprochen, nur Winkel messen können; Winkel, die Lichtstrahlen miteinander bilden. Indem wir diese Lichtstrahlen mit den geraden Linien der Geometrie identifizieren, schaffen wir die Möglichkeit, die Gesetze der Geometrie auf die durch Lichtstrahlen realisierten Figuren anzuwenden. Wir konstruieren aus Lichtstrahlen Dreiecke und zeichnen diese in einem angemessenen Maßstab auf; und aus der Zeichnung entnehmen wir die wahren Dimensionen der Dreiecke, wenn der Maßstab der Zeichnung bekannt ist.

Einen solchen geometrischen Entfernungsmesser trägt der Mensch mit sich in Gestalt seiner beiden Augen. Jedes Auge entwirft für sich ein Bild von der Außenwelt. Diese Bilder sind für das linke und das rechte Auge etwas verschieden, weil die Gegenstände von zwei verschiedenen Punkten aus gegen den Hintergrund projiziert werden. Näher gelegene Gegenstände erscheinen dem linken Auge in einer anderen Lage gegenüber ferner gelegenen als dem rechten Auge. Je größer die Entfernung der Objekte vom Beobachter, desto geringer ist die relative Verschiebung ihrer Bilder auf der Netzhaut der beiden Augen. Aus dieser von der Entfernung abhängigen Verschiedenheit der Bilder resultiert das räumliche, stereoskopische Sehen, die Tiefenwahrnehmung.

Diese Tiefenwahrnehmung ist dem Einäugigen versagt, ihm erscheint die Welt flächenhaft; er kann sich nur durch abstrakte Überlegungen Rechenschaft ablegen über die Anordnung der Objekte längs der Gesichtslinie. Der Beidäugige mißt Entfernungen gewissermaßen unmittelbar durch die im Gehirn sich automatisch vollziehende Auswertung des Dreiecks, dessen Basis die Verbindungslinie der beiden Augen und dessen Spitze der anvisierte Gegenstand bildet. Der Einäugige kann Entfernungen nur schätzen; entweder, in der näheren Umgebung, aus dem Grade der „Akkommodation", das ist der Umstellung, die das Auge mit der Linse vornimmt, um das Bild „scharf" zu sehen, so wie man beim Photoapparat auf die richtige Entfernung mit einer Mattscheibe einstellt; oder indem er die verschiedenen scheinbaren Größen berücksichtigt, unter denen sich ihm Gegenstände darbieten, von deren wahren Größen er bestimmte Vorstellungen hat. Der Beidäugige sieht unmittelbar, ob er beim Eingießen des Weines mit der Flasche über dem Glas ist oder ob er daneben gießt; der Einäugige dagegen muß durch seitliche Bewegung des Kopfes erst Änderungen in der scheinbaren relativen Lage von Flasche und Glas hervorrufen, die ihm eine Beurteilung über die gegenseitige räumliche Lage von Flaschenmündung und Glasrand ermöglichen.

Aber auch für den Zweiäugigen hat die Tiefenwahrnehmung eine Grenze; sie reicht nicht in beliebig große Entfernungen. Er wird dem Einäugigen gleich, wenn die Verschiedenheiten der Bilder, die auf der Netzhaut der beiden Augen entstehen, nicht mehr wahrgenommen werden. Diese Grenze ist bedingt durch das begrenzte Auflösungsvermögen des Auges infolge der Zusammensetzung der Netzhaut aus diskreten Einzelelementen, die ein Rasterbild erzeugen. Nur solche Punkte werden noch als verschieden empfunden, deren Bilder auf getrennte Netzhautelemente fallen. Rücken die Bildpunkte näher zusammen, so daß die von ihnen ausgehenden Lichtreize das gleiche Netzhautelement erregen, dann verschmelzen die beiden Eindrücke zu einem einzigen. Das tritt ein, wenn die Entfernung das zwanzigtausendfache des Augenabstandes überschreitet, also in etwa 1300 m.

Man kann die Reichweite dieser geometrischen Entfernungsbestimmung vergrößern durch Vergrößerung der Basis, indem man Spiegelsysteme vor das Auge setzt, die den wirksamen Augenabstand vergrößern. Die erhöhte Plastik der Landschaft, wenn man sie durch einen Prismenfeldstecher betrachtet, beruht auf dieser Vergrößerung des wirksamen Augenabstandes, der gegeben ist durch den Abstand der Eintrittsöffnungen des Feldstechers. Beim Scherenfernrohr erreicht dieser Abstand ein Vielfaches des normalen Augenabstandes; die großen Entfernungsmeßgeräte arbeiten mit Basislängen von 10 m, 20 m und darüber.

Wenn die mit der Größe der Geräte wachsenden mechanischen und optischen Schwierigkeiten der weiteren Vergrößerung des wirksamen Augenabstandes eine Grenze setzen, muß man dazu übergehen, die Objekte von weit auseinander liegenden getrennten Stationen aus anzupeilen. In dem gleichen Maße aber, in dem die Basis vergrößert wird, vergrößern sich die Entfernungen, bis zu denen man so messend vordringen kann. Das Ende der unmittelbar räumlich erfaßbaren Welt, das für den an seinen Ort gebundenen Beobachter in etwas über 1 km Entfernung liegt, rückt für einen Entfernungsmesser mit 25 m-Basis in die Gegend von 500 km und erreicht die Entfernung des Mondes, wenn der wirksame Augenabstand auf 20 km vergrößert wird. Für einen Beobachter mit einem Augenabstand von 100 km oder mehr würde der Mond deutlich als Kugel frei im Raum vor dem Hintergrund der Sterne schweben.

Indem wir den Abstand der Beobachter auf der Erde so weit vergrößern, als es die Dimensionen der Erde eben zulassen, gelingt es, die Entfernungen des Mondes, der Sonne und der Planeten zu bestimmen und so ein Modell zu entwerfen von dem Planetensystem, dessen Mitglied unsere Erde ist. Die Maßeinheit, in der wir die Dimensionen des Planetensystems vernünftigerweise angeben, die „astronomische Einheit“ der Länge

(a. E.), ist die Entfernung der Erde von der Sonne, das ist eine Strecke von 150 Millionen Kilometern.

Im Maßstab 1 : 15 Billionen, d. h. wenn wir diese 150 Millionen Kilometer durch eine Strecke von 1 cm Länge darstellen, haben die Bahnen der Planeten Merkur, Venus, Erde, Mars, Jupiter, Saturn, Uranus, Neptun, Pluto der Reihe nach Durchmesser von 8 mm, 14 mm, 20 mm, 30 mm, 104 mm, 19 cm, 38 cm, 60 cm und 79 cm. Das Modell erfüllt also gerade die Bedingungen, die wir oben aufgestellt haben, daß es auf einem Blatt von 1 m × 1 m untergebracht werden kann.

Wollten wir in dem Modell nun aber auch noch die Größen der Sonne und der Planeten selbst darstellen, dann müßte in dem gleichen Maßstab die Sonne einen Durchmesser von knapp $^1/_{10}$ mm erhalten, der größte Planet Jupiter einen solchen von weniger als $^1/_{100}$ mm, während die Erde mit weniger als $^1/_{1000}$ mm bereits die Grenze der Sichtbarkeit im Mikroskop erreichte. Wir stoßen damit zum ersten Male bei unseren Überlegungen auf eine Gesetzmäßigkeit von weittragender Allgemeingültigkeit: Es ist nicht möglich, in ein und demselben Bilde gleichzeitig die Dimensionen des Systems und die seiner Mitglieder unmittelbar anschaulich zu machen. Für die Darstellung der relativen Größenverhältnisse der Planeten müßten wir einen mindestens 1000mal größeren Maßstab wählen als für die Darstellung ihrer gegenseitigen Abstände und Bahnen. Die Erde wäre dann ein Kügelchen von weniger als 1 mm Durchmesser, die Sonne ein kleiner Kinderball von 10 cm, beide aber müßten in diesem Modell einen Abstand von 10 m erhalten, während der fernste Planet Pluto die Sonne in fast 1 km Entfernung umkreiste. Die ungeheure Leere des Raumes kann kaum eindrucksvoller vor Augen geführt werden als durch solche Modelle.

Wir müssen es uns versagen, die Schritte im einzelnen aufzuzeigen, die über das Planetensystem hinausführen zu den Sternen und Sternsystemen. Es möge der Hinweis genügen, daß der Durchmesser der Bahn der Erde um die Sonne die größere Basis liefert, die wir brauchen für die geometrische Entfernungsmessung der Sterne, und daß alle weiteren Methoden, indirekte und statistische, sich letzten Endes zurückführen lassen auf diese fundamentale eine Methode, die nichts weiter voraussetzt als die Anwendbarkeit der Gesetze der Geometrie auf Lichtstrahlen. Gegenstand unserer Überlegungen sollen ja weniger die Methoden sein, nach denen wir die räumliche Struktur der Welt ergründen, als vielmehr die Mittel, mit deren Hilfe wir die Ergebnisse der Messung unserer Vorstellung zugänglich machen können. Wir wollen daher nur noch an ein paar Beispielen verdeutlichen, wie die Maßstäbe schrittweise verkleinert werden müssen, um immer größere Bereiche der Welt in anschaulichen Modellen darzustellen.

Die Seitenlänge des Dreiecks, in dem der Halbmesser der Erdbahn die Basis, der Winkel an der Spitze aber gerade eine Bogensekunde ist, wird zur neuen Einheit der Entfernungen im Sternsystem. In einem solchen Dreieck ist das Verhältnis der Basis zur Länge der Seiten, die den Winkel von 1″ einschließen, 1 : 206265. Dies ist also auch das Verhältnis der „planetaren“ Einheit der Entfernungen zu der neuen „stellaren“ Einheit, der „Sternweite“ oder dem „parsec“, wie die international eingeführte Bezeichnung lautet. 1 parsec entspricht 206265 a. E. oder 31 Billionen Kilometern. Größere Entfernungen werden in Kiloparsec (1000 parsec) oder Megaparsec (1 Million parsec) angegeben. Die durchschnittlichen Abstände der Sterne voneinander sind von der Größenordnung 1 parsec. Der größte und kleinste Durchmesser des Sternsystems, das wir uns als flach linsenförmiges Gebilde vorzustellen haben, sind etwa 30 und 5 kiloparsec. Die Gesamtzahl der Sterne im System beträgt einige 100 Milliarden.

Wie aber müssen wir den Maßstab wählen, um das System in seiner räumlichen Struktur anschaulich darzustellen? Machten wir 500 parsec gleich 1 cm, um die äußeren Abmessungen des ganzen Systems in dem oben festgesetzten Bereich unterzubringen, dann wären die Sterne in gegenseitige Abstände von nur $^1/_{50}$ mm zu setzen und es wären hundert Milliarden in einem linsenförmigen Raum von 60 cm Längs- und 10 cm Querdurchmesser unterzubringen. Offenbar würde dieses Modell aber eine völlig falsche Vorstellung von der Dichte der Sternverteilung vermitteln, weil wir nur die große Zahl auf dem engen Raum sähen, nicht aber die verschwindende Größe der einzelnen Sterne im Vergleich zu ihren Abständen.

Gingen wir umgekehrt bei der Festlegung des Maßstabes von den Dimensionen der Sterne aus anstatt von denen des Systems und versuchten eine Darstellung in der Weise, daß wir der Sonne im Modell einen Durchmesser von 1 mm gäben, also die Größe eines Stecknadelkopfes, dann müßten wir solche Stecknadelköpfe in Abständen von 20 bis 40 km setzen. Das Modell des ganzen Milchstraßensystems müßte in diesem Maßstab Durchmesser von 600000 bzw. 100000 km bekommen, wäre also auf der Erde gar nicht mehr unterzubringen, sondern nähme schon beinahe planetare Dimensionen an.

Selbst kleine Ausschnitte aus dem System spotten dem Versuch, sie in dem gewählten Maßstab darzustellen; wären doch innerhalb des von einer Kugel mit dem Durchmesser 10 km umschlossenen Raumes nur einige 50 Stecknadelköpfe zu verteilen. Man hätte wohl Mühe, sie überhaupt zu finden, wenn sie nicht mit einer so außerordentlichen Leuchtkraft ausgestattet wären, daß sie noch auf Entfernungen von 20 km als Sterne erster Größe erschienen. Die Schwierigkeiten werden nicht geringer, wenn wir den Maßstab etwa 1000fach verkleinerten und die Sterne uns vorstellten als Sonnenstäubchen von $^1/_{1000}$ mm Durchmesser. Das hieße nur, daß wir in unserem Wohnzimmer vielleicht zehn solcher Sonnenstäubchen suchen sollten.

Wie wir es auch versuchen, wir müssen immer wieder erkennen, daß wir in diesen Bildern nur eine Seite des Phänomens, das wir als Milchstraßensystem bezeichnen, einigermaßen der Vorstellung näherbringen die ungeheure Leere der Welt, in der die Materie nur in vergleichsweise winzigen Zentren zusammengeballt ist. Daß die Sterne in diesem Modell aber

Glühwürmchen glichen mit millionen-kerzenstarken Scheinwerfern, geht weit über alles vorstellbare Maß hinaus.

Es möchte fast scheinen, als ob wir nicht viel mehr gewinnen können, wenn wir das Spiel noch etwas weiter treiben und den Maßstab für die Welt der Spiralnebel zu bestimmen suchen. Mit dem Megaparsec als Entfernungseinheit wird für die entferntesten Objekte heute gerade die Maßzahl 100 erreicht. Wenn wir in diesem Bild aber die Dimensionen der einzelnen Systeme vergleichen mit ihren gegenseitigen Abständen, dann zeigt sich, daß hier zum Unterschied vom Planetensystem und vom Milchstraßensystem der Maßstab so gewählt werden kann, daß Durchmesser und Abstände in ein und demselben Modell in ihrem richtigen Verhältnis vielleicht gerade anschaulich gemacht werden können; allerdings nicht ganz in dem Sinn der strengen Forderung, die wir eingangs stellten, d. h. daß wir bei dem Modell in dem Bereich von $^1/_{10}$ mm bis 1 m bleiben. Wir müssen schon über die Dimensionen des Zeichenbrettes hinausgehen und für das Modell der Welt den Raum eines großen Vortragssaales vorsehen. Wenn wir in diesem Raum einige hundert Millionen winzige Linsen mit Durchmessern zwischen $^1/_{10}$ und 1 mm in durchschnittlichen Abständen von 30 cm ausstreuen, da und dort zu kleinen Gruppen von einigen Dutzend bis zu einigen hundert leicht verdichtet – dann haben wir damit ein Bild der Welt im Maßstab 1:300 Trillionen.

Das Verhältnis der kosmischen Maßstäbe für Entfernungen und Größen zu den irdischen läßt sich vielleicht noch in einer etwas anderen Weise dem menschlichen Vorstellungsbereich nahebringen, wenn wir an die noch oft geübte Gepflogenheit anknüpfen, Entfernungen zu messen durch die Zeiten, in denen sie zurückgelegt werden. Wir sprechen von Wegstunden und wissen, daß das eine Einheit von 5 bis 6 km ist. Wir rechnen mit den Fahrzeiten des D-Zuges und können 1 Stunde 80 bis 100 km gleichsetzen. Die großen Linien des Luftverkehrs geben Flugstunden an und schaffen damit eine neue größere Einheit, die heute in der Gegend von 500 km liegt und den Umfang der

Erde von den 80 Tagen Jules Vernes auf 80 Stunden herabdrückt.

Welche Geschwindigkeiten sind nötig, so fragen wir, um kosmische Entfernungen in den menschlichen Erlebnisbereich hereinzurücken?

Die mit rund 40facher Überschallgeschwindigkeit fliegende Rakete der Zukunft würde in 10 Stunden den Weg bis zum Mond zurücklegen, bis zur Sonne wäre sie fast ein halbes Jahr unterwegs, den nächsten Stern aber würde sie in diesem kosmischen Schneckentempo erst nach mehr als 100000 Jahren erreichen. Nur wenn wir mit Lichtgeschwindigkeit uns fortbewegen, kommen wir auf erträgliche Wegzeiten für die Entfernungen der Sterne; vor allem aber, was in diesem Zusammenhang noch wesentlicher erscheint, zu einem anschaulichen Vergleichsmaßstab zwischen den Dimensionen des Planetensystems und denen des Sternsystems.

Das kürzeste Zeitintervall, das wir bewußt aufnehmen können, der „Moment", der „Augenblick", ist etwa $^1/_{10}$ Sekunde. Die Bilder auf der Leinwand des Kinos, die in einem Wechsel von 16 in der Sekunde aufeinanderfolgen, verschmelzen für uns zur kontinuierlichen Bewegung. In einem Augenblick, nämlich in $^1/_7$ Sekunde, umkreisen die elektrischen Wellen, die sich mit Lichtgeschwindigkeit fortpflanzen, einmal die ganze Erde; in $2^1/_2$ Sekunden bringt die vom Radargerät nach dem Mond ausgesandte Welle Kunde von dort zurück; $8^1/_3$ Minuten verstreichen, bis Vorgänge, die sich auf der Sonne ereignen, auf der Erde beobachtet werden. Die Entfernung des nächsten Sternes aber beläuft sich auf über 4 Lichtjahre, vom Zentrum des Milchstraßensystems sind wir 30000 Lichtjahre entfernt. Wie der Augenblick zum Jahr, so verhalten sich die Dimensionen des Planetensystems zu denen des Sternsystems. Reisen in einem mit Lichtgeschwindigkeit sich fortbewegenden Fahrzeug erfordern innerhalb des Planetensystems Stunden, in den Räumen der Milchstraße Tausende von Jahren.

Haben wir hier die Zeit eingeführt, um Entfernungen zu

messen, so verlohnt es sich nun auch noch, dem zeitlichen Ablauf der Vorgänge in der Welt selbst einige Beachtung zu schenken. Wir stoßen dabei sehr bald auf eine gewisse Unbestimmtheit in der Anwendung der Bezeichnungen „schnell" und „langsam" oder „groß" und „klein".

Der Tageslauf der Sonne, die Aufeinanderfolge der Gestalten des Mondes, die wechselnden Konstellationen der Planeten liegen innerhalb der primären zeitlichen Erlebnissphäre des Menschen. Wir beobachten diese Vorgänge unmittelbar, wir „sehen" die Veränderungen.

Anders bei den Fixsternen, die in scheinbar ewiger Unveränderlichkeit am Himmel stehen. Die gleichen Sternbilder – der große Himmelswagen, das W der Kassiopeia, der Orion mit dem Hundsstern, dem Sirius – sind in ihrer heutigen charakteristischen Form schon von den Ägyptern und den Babyloniern gesehen worden. Der Gesamtanblick des gestirnten Himmels ist, wenn wir von den Planeten absehen, heute der gleiche wie vor fünf- oder zehntausend Jahren. Nur Messungen von äußerster Genauigkeit, der Vergleich von Beobachtungen, die Jahrzehnte oder Jahrhunderte auseinanderliegen, vermögen die winzigen Eigenbewegungen festzustellen, die erst im Laufe von Jahrzehntausenden zu augenfälligen Veränderungen in der Anordnung der Sterne am Himmel führen. Die Eigenbewegungen der Sterne sind sehr „klein", sagen wir, die Veränderungen am Fixsternhimmel erfolgen „unendlich langsam".

Messen wir aber die Geschwindigkeiten in dem Maß, in dem wir Geschwindigkeiten auf der Erde zu messen gewohnt sind, nämlich in Stundenkilometern, dann gelangen wir zu ganz anderen Vorstellungen. Die kleinen Verlagerungen der Sterne an der Sphäre, die wir als scheinbare jährliche Eigenbewegungen beobachten, die oft an der Grenze des Meßbaren liegenden Verschiebungen der Linien in den Spektren der Sterne, aus denen wir nach dem Dopplerschen Prinzip die Radialgeschwindigkeiten ableiten, entsprechen Geschwindigkeiten von Tausenden von Stundenkilometern. Schon durch die Drehung der Erde um ihre Achse werden wir mit einer Geschwindigkeit von fast 1700 km/st herumgewirbelt, ohne etwas davon zu merken. 30 km/s oder über 100000 Stundenkilometer beträgt die Geschwindigkeit der Erde in ihrer Bahn um die Sonne, und ebenso groß sind die durchschnittlichen Geschwindigkeiten, mit denen die Sterne durch den Raum eilen. In der größeren Welt der Spiralnebel schließlich beobachten wir Fluchtgeschwindigkeiten, die mit vielen Tausenden von Kilometern in der Sekunde jedes vorstellbare Maß überschreiten.

Die Wurzel dieses scheinbaren Widerspruchs zwischen der Kleinheit der Eigenbewegungen und der Größe der Radialgeschwindigkeiten liegt einfach darin, daß wir kosmische Maße des Raumes in Beziehung gesetzt haben zu irdischen Maßen der Zeit. Wir müssen auch für die Zeit ein kosmisches Maß einführen, wenn wir zu brauchbaren Vorstellungen kommen wollen.

Welches aber ist der kosmische Maßstab der Zeit? Nach dem alten Bibelwort sind tausend Jahre vor dem Herrn wie ein Tag. Wir müssen schon noch einen Schritt weitergehen und das Wort „Tag“ durch „Stunde“ ersetzen, wenn wir die Ewigkeit des Weltalls ausschöpfen wollen.

In einem Tag dreht sich die Erde einmal um ihre Achse und liefert damit das Grundmaß irdischer Zeitrechnung. In 26000 Jahren vollführt der Himmelspol einen Umlauf um den Pol der Ekliptik infolge der Präzessionsbewegung des Erdkreisels. Identifizieren wir dieses „Große“ oder „Platonische“ Jahr der Griechen mit dem kosmischen Tag, dann wird das kosmische Jahr gleich 10 Millionen Erdjahren; ein Erdjahr sind nur 3 kosmische Sekunden.

Der Umlauf der Sonne um das Zentrum des Milchstraßensystems, der mit einer Geschwindigkeit von fast 300 km/s erfolgt, erfordert etwa 22 kosmische Jahre, entspricht also in diesem zehnmillionenfachen Zeitmaßstab dem Mittel der Umläufe von Jupiter und Saturn um die Sonne. Das Alter der Erde beläuft sich auf einige hundert kosmische Jahre, das Auftreten des ersten „aufrechtgehenden Affenmenschen“ liegt kaum mehr als einen

Tag zurück, die ganze Geschichte des Abendlandes umfaßt nur wenige Stunden, und der Mensch ist, mit kosmischen Maßen der Zeit gemessen, noch nicht einmal eine Eintagsfliege: in einem Menschenalter von 60 Jahren rückt der große Zeiger der kosmischen Uhr um nur 3 Minuten weiter.

Nachdem wir den Kosmos in seinen räumlichen und zeitlichen Maßstäben dem menschlichen Vorstellungsvermögen nahegebracht haben, wollen wir versuchen, auch noch für andere Eigenschaften die Beziehung herzustellen zwischen irdischen und kosmischen Maßen.

In jedem Stern ist eine gewisse Menge Materie vereinigt, die wir durch ihre Masse kennzeichnen. Einheit der Masse ist für den Physiker das Gramm, im täglichen Leben das Kilogramm oder die Tonne. In keiner dieser Einheiten läßt sich die Masse der Sonne anders ausdrücken als durch eine Zahl mit vielen Stellen, der wir nur dadurch eine relative Anschaulichkeit verleihen können, daß wir nach dem allgemeinen Vorbild der Physiker die Zahl dieser Stellen als Zehnerpotenzen angeben. In solcher Weise geschrieben, beläuft sich die Masse der Sonne auf $2 \cdot 10^{33}$ Gramm oder 2 Quintillionen Kilogramm. Wählen wir diese Masse, die in ihrer Beziehung zu irdischen Massen nur in solch formaler Weise erfaßt werden kann, als Einheit, als „kosmisches Kilogramm“, dann nehmen die im Sonnensystem und im Milchstraßensystem vorkommenden Massen einigermaßen anschauliche Dimensionen an: der größte Planet, Jupiter, hat gerade 1 Gramm, die Erde 3 Milligramm; die Massen der Sterne bewegen sich zwischen $^1/_{10}$ und 100 Kilogramm; das ganze Milchstraßensystem hat eine Gesamtmasse von etwa 250 Millionen Tonnen.

Die Sonne stellt sich uns in der Strahlung, die sie in so verschwenderischer Fülle unablässig aussendet, als ein Kraftwerk dar, dessen Leistung zu einem Vergleich mit der Leistung irdischer Kraftwerke herausfordert. Veranschlagen wir die derzeitige Gesamtleistung aller Kraftwerke der Erde auf rund 100 Millionen Kilowatt, dann entspricht die Leistung des kosmischen

Kraftwerkes Sonne dem Viertausendbillionenfachen der irdischen Leistung. Kosmisch gesehen liegt die Leistung der Sonne ungefähr in der Mitte zwischen der der schwächsten und der hellsten Sterne. Legen wir daher ihre Leistung als Norm zugrunde und setzen sie in Parallele zu einem mittleren städtischen Elektrizitätswerk von etwa 10000 Kilowatt, dann repräsentieren die Sterne kosmische Kraftwerke mit einem Spielraum der Leistungen, der ungefähr der gleiche ist wie der zwischen einer Kochplatte von 1 Kilowatt und der Gesamtleistung von 100 Millionen Kilowatt aller Kraftwerke der Erde zusammengenommen.

Ich möchte den Faden hier nicht weiterspinnen. Wir könnten auch noch die Temperaturen, die Drucke, die Dichten der kosmischen Materie in den Kreis der Betrachtung ziehen und in ähnlicher Weise wie für die anderen Größen die angemessenen Maßstäbe aufzeigen. Wir würden nur bestätigt finden, daß das Denken in Zehnerpotenzen in bequemster Weise jede Maßstabsbestimmung ermöglicht und daß sich, wenn man nur die geeignete kosmische Einheit wählt, immer Vergleiche zu irdischen Verhältnissen finden lassen.

Auf eins nur sei vielleicht noch ausdrücklich hingewiesen: die Dichte der Packung der Materie, auf die wir bei der Untersuchung der Sterne und der Nebel stoßen, umfaßt den ganzen weiten Spielraum, der durch die experimentelle und theoretische Erforschung der Eigenschaften der Materie überhaupt denkbar geworden ist: von dem einzelnen im interstellaren Raum verlorenen Atom, das Millionen Jahre unterwegs ist, bis es einmal mit einem anderen Atom zusammenstößt, über Verhältnisse wie etwa in der Luft dieses Raumes, deren Dichte $^1/_{800}$ Gramm pro Kubikzentimeter ist und deren Moleküle in jeder Sekunde Milliarden Zusammenstöße erleben, bis hin zu den weißen Zwergen, deren Materie in Stücken von Fingerhutgröße Tonnenmassen hat.

In diesen Betrachtungen wird eine Brücke geschlagen von der Welt der Sterne und Sternsysteme zu der Welt der Atome, treten die Maßstäbe des Makrokosmos in seltsame, beinahe kabbalistisch anmutende Beziehung zu den Maßstäben des Atoms. Hier versagt jede modellmäßige Vorstellung. Es kann daher im Rahmen unseres Themas nicht mehr unsere Aufgabe sein, diesen Beziehungen nachzugehen. Wir wollen vielmehr nun noch den Zusammenhang herstellen zwischen dem Thema dieses Vortrages und der besonderen Gelegenheit, die uns zusammengeführt hat. Wir haben Maßstäbe aufgerichtet für die Darstellung des Kosmos; wir wollen von hier aus auch die Maßstäbe gewinnen für unsere Arbeit.

Der Münchener Botaniker Göbel hat einmal auf die Frage nach den Bedingungen für erfolgreiche wissenschaftliche Forschungsarbeit geantwortet, man brauche dazu nur „einen Blumentopf und eine Fragestellung". Oft und gerne ist von maßgebenden Stellen bei Forderungen nach Bereitstellung von Mitteln darauf hingewiesen worden, daß bedeutende Leistungen der Vergangenheit aus bescheidensten Verhältnissen hervorgegangen seien. Kein Zweifel, daß der geniale Forscher mit dem geringsten Aufwand an äußeren Hilfsmitteln oft mehr erreicht als der Mittelmäßige, dem die größten Laboratorien zur Verfügung stehen. Aber ganz abgesehen davon, daß man fragen kann, ob die Ausstattung der besten Köpfe mit den besten Instrumenten zuletzt nicht doch die beste Lösung sei, gibt es auch stets ein zeitbedingtes Minimum von instrumentellem Aufwand, das nötig ist, damit gewisse Aufgaben überhaupt mit Aussicht auf Erfolg angegriffen werden können. Der „Blumentopf" Göbels muß unter Umständen schon eine recht beachtliche Größe haben, wenn man etwa moderne Probleme der Vererbung untersuchen oder neue Rassen züchten will. Bindfaden und Klebwachs werden immer unentbehrliche Requisiten des experimentierenden Physikers bleiben – um Atome zu zertrümmern, braucht er mehr als das!

Auch in der Astronomie lassen sich manche Beispiele dafür angeben, daß mit kleinen Instrumenten große Erfolge erzielt wurden. Es darf indessen nicht außeracht gelassen werden, daß die wesentlichen Fortschritte in der Erforschung des Kosmos gerade dem Einsatz der jeweils größten Instrumente und der neuesten Hilfsapparate zu verdanken sind.

Ohne den 150 cm-Spiegel des Mt. Wilson-Observatoriums hätte Shapley das Problem der Kugelhaufen und der Struktur des größeren Milchstraßensystems nicht lösen können. Erst mit dem $2^1/_2$ m-Spiegel ist Hubble die Auflösung des Andromedanebels in Sterne gelungen und damit die Streitfrage entschieden worden, ob die Spiralnebel zum Milchstraßensystem gehören oder selbständige Inselwelten von vergleichbarer Größe sind. Die Verbindung dieses $2^1/_2$ m-Spiegels mit den lichtstärksten Spektralapparaten hat in Belichtungszeiten von vielen Stunden, unter dem idealen Himmel Kaliforniens durch viele Nächte fortgesetzt, die Spektra geliefert, aus denen die großen Radialgeschwindigkeiten der Nebel abgeleitet und das neue Bewegungsgesetz der allgemeinen Nebelflucht gefunden wurde. Dem neuen 5 m-Spiegel, der demnächst seine Arbeit auf dem Mount Palomar aufnehmen soll, wird es vorbehalten bleiben, die noch offene Frage nach der wahren Struktur der Welt, deren Beantwortung nur von der Beobachtung der lichtschwächsten Objekte erhofft werden kann, einer Lösung näherzubringen.

Der „Blumentopf" des Astronomen unserer Tage ist das Spiegelteleskop mit einem Durchmesser des Spiegels von $1^1/_2$ bis $2^1/_2$ Metern. Es gehört zur Normalausrüstung der modernen Sternwarte genau so wie der sechszöllige Meridiankreis oder der zehnzöllige Refraktor zur Sternwarte des vorigen Jahrhunderts. Wie wir bei der Darstellung der Ergebnisse uns des jeweils zweckmäßigsten Maßstabes bedienen, so müssen wir auch bei der Wahl der Hilfsmittel zur Lösung der Aufgaben, die wir uns stellen, die dem Objekt angemessenen Maßstäbe anlegen.

Im Anschluß an einen Vortrag vor dem VDI über „Aufgaben und Hilfsmittel astronomischer Forschung" kam vor einer Reihe von Jahren die Sprache auch auf die Kosten für ein neuzeitliches astrophysikalisches Observatorium, dessen Errichtung damals in den Bereich der Planung der Kaiser-Wilhelm-Gesellschaft gerückt war. Ich schlug vor, diese Kosten einmal nicht in Reichsmark anzugeben, sondern in der dem Techniker vielleicht geläufigeren Einheit „Kilometer Reichsautobahn". Es würde sich dann ergeben, daß ein $1^1/_2$ m-Spiegel mitsamt der Kuppel und allen Nebeneinrichtungen, wie er als Bestandteil des neuen Observatoriums vorgesehen war, nicht viel mehr kosten würde als 1 Kilometer Autobahn. Der gerade im Bau befindliche Riesenspiegel des Mount Palomar wäre in dieser Geldeinheit auf etwa 50 km Autobahn zu veranschlagen.

Eine der wichtigsten Voraussetzungen für die erfolgreiche Arbeit des Astronomen ist daher die Existenz einer leistungsfähigen optischen Industrie, die Instrumente von angemessener Größe und Qualität herzustellen vermag. Was die Verbindung von Zeiß und Schott in Jena in dieser Hinsicht bedeutet, ist zu allgemein bekannt, als daß darüber viel Worte zu verlieren wären.

Doch ist es mit der Optik allein noch nicht getan. Aus der wissenschaftlichen Arbeit unserer Zeit ist die Photographie nicht wegzudenken. Die in den Laboratorien der Agfa und der Kodak insbesondere auf dem Gebiete der Sensibilisierung der photographischen Schichten durchgeführten Arbeiten haben entscheidenden Anteil an den Erfolgen der Astronomie der letzten Jahrzehnte. Daß wir recht bald wieder über Photomaterial der verschiedensten Art verfügen können, insbesondere über die für wissenschaftliche Zwecke entwickelten Emulsionen, ist eine Forderung, die täglich dringender und nicht nur von den Astronomen allein gestellt wird.

Von wachsender Bedeutung sind schließlich noch die Erzeugnisse der Vakuum- und der Hochfrequenztechnik geworden, die die Ausrüstung für unsere Laboratorien und Zusatzgeräte für die Teleskope liefern: elektrische Meßinstrumente, Photozellen, Verstärkerröhren, Bildwandler, Lichtquellen der verschiedensten Art und anderes mehr.

Solche zwangsläufige Verflechtung der Wissenschaft mit der Industrie läßt uns mit banger Sorge all die Maßnahmen verfolgen, die von den Alliierten getroffen werden zur Vernichtung des Kriegspotentials und zur Verhinderung einer Wiederaufrüstung. Wir, die wußten, welche Möglichkeiten in den für Zwecke der Vernichtung geschaffenen Hilfsmitteln stecken zur Lösung rein wissenschaftlicher Probleme, haben die Zeit herbeigesehnt, wo es uns vergönnt sein würde, von diesem Wissen Gebrauch zu machen. Man wird uns den Wunsch nicht verargen, vor der Zerstörung zu retten, was besseren Zwecken zugeführt werden könnte; wenn wir uns auch klar sind darüber, daß das, was wir alle erlebt haben an totalem Kriegseinsatz der Wissenschaft auf der ganzen Welt, zu besonderem Mißtrauen Anlaß gibt. Es wird Aufgabe derer sein, die jetzt eine friedliche Neuordnung der Welt vorbereiten, wirksame Mittel gegen den Mißbrauch der Wissenschaft zu finden, ohne die Entwicklung der Forschung selbst zu verhindern durch Zerschlagung ihrer materiellen Voraussetzungen. Wenn in den beiden Erklärungen, die der Außenminister der Sowjetunion Molotow vor kurzem über das Schicksal Deutschlands abgegeben hat, eindringlich auf die Notwendigkeit der Erhaltung einer leistungsfähigen Friedensindustrie hingewiesen wird, so erkennen wir darin ein bedeutsames Zeichen des Verständnisses, das unserer Lage entgegengebracht wird, und schöpfen daraus die Hoffnung, daß unsere Wünsche Gehör finden.

Neben den materiellen Vorbedingungen für die Arbeit verdienen einige Beachtung auch die methodisch-organisatorischen. Wir leben in einer Zeit zunehmender Spezialisierung. Erscheinungen wie Alexander von Humboldt, der es unternehmen konnte, in seinem „Kosmos“ eine Gesamtdarstellung des naturwissenschaftlichen Weltbildes zu geben, und der sich dabei zu einem großen Teil noch auf eigene Beobachtungen stützen konnte, sind heute undenkbar. Die großen Handbücher und Monographiensammlungen, in denen das Wissen unserer Tage niedergelegt ist, werden nicht von Einzelnen geschrieben; sie sind das Ergebnis gut organisierter Gemeinschaftsarbeit. In der Forschung selbst werden wesentliche Fortschritte erzielt durch fruchtbare Zusammenarbeit von Spezialisten, namentlich auf den Grenzgebieten zwischen den Einzelwissenschaften, die immer mehr an Bedeutung gewinnen.

So ist es kein Zufall, daß die in den wissenschaftlichen Zeitschriften veröffentlichten Arbeiten sehr oft die Namen von zwei und mehr Verfassern tragen und daß unsere Institute vielfach den Charakter von Kollektivwesen angenommen haben, wo nicht ein Chef den Untergebenen Arbeiten diktiert, wie es z. B. die alte Dienstanweisung des Astrophysikalischen Observatoriums ausdrücklich vorsieht, wo vielmehr in einem Kreis Gleichgestimmter neue Gedanken geboren und in gemeinsamer Arbeit ausgewertet werden. Das Wort von der „Gelehrtenrepublik" erhält so einen neuen, tieferen Sinn; der Versuch der Übertragung des „Führerprinzips" ist gerade hier am kläglichsten gescheitert.

Vom einzelnen Institut als Kollektivwesen gelangen wir folgerichtig zu Arbeitsgemeinschaften über die Institutsgrenzen hinaus für die Bewältigung von Aufgaben, die den Rahmen des Einzelinstituts überschreiten. Und hier nun begegnen wir den Akademien in einer ihrer wichtigsten Funktionen: Träger der gesamten Forschungsarbeit zu sein. In der Akademie sollen sich die Besten auf allen Gebieten zusammenfinden. In den von ihr eingerichteten Kommissionen soll die Arbeit der großen Gemeinschaftsunternehmungen organisiert und aus Mitteln, über die die Akademie autonom verfügt, finanziert werden. In der Akademie soll letztlich alles zusammenfließen, was an Erkenntnissen gewonnen wird; von ihr sollen und werden, wenn anders sie ihre Aufgabe richtig begreift, Anregungen ausgehen zu neuen Forschungen.

Die Entwicklung, die Naturwissenschaft und Technik in Deutschland seit dem Ausgang des 19. Jahrhunderts genommen haben, hat die Akademien dieser ihrer großen historischen Aufgabe, wenigstens auf dem naturwissenschaftlichen Gebiet, teilweise entfremdet. Das Berliner Astronomische Jahrbuch wurde einst herausgegeben von der Berliner Akademie. Die akademische Sternkarte, deren Existenz allein es dem damaligen

Observator an der Berliner Sternwarte, Galle, ermöglichte, den neuen Planeten Neptun an dem von Leverrier vorausberechneten Ort aufzufinden, war ein Unternehmen der Berliner Akademie. Die Observatorien für Astrophysik und Meteorologie auf dem Telegraphenberg bei Potsdam sind durch die Initiative der Berliner Akademie entstanden; das erste Direktorium bestand aus den Akademiemitgliedern Auwers, Foerster und Kirchhoff. Arthur v. Auwers hatte eine Akademieprofessur inne und hat in dieser unabhängigen Stellung den großen Fundamentalkatalog des Berliner Jahrbuchs geschaffen, das Unternehmen der „Geschichte des Fixsternhimmels“ ins Leben gerufen und das Astronomische Recheninstitut gegründet.

Es ist hier nicht der Ort und die Zeit, den Gründen nachzugehen, die bei der Ablösung der Akademie durch andere Institutionen eine Rolle gespielt haben. Nur auf zwei Tatsachen sei hingewiesen, die für die Beurteilung der heutigen Lage von Bedeutung sind.

In der Kaiser-Wilhelm-Gesellschaft, die entgegen den ursprünglichen Absichten ihres Initiators Harnack unabhängig von der Akademie gegründet wurde, entstand eine Institution, die vornehmlich auf dem naturwissenschaftlichen Sektor zum Träger der freien, von der Universität losgelösten Forschung wurde. In ihr flossen all die reichen Mittel zusammen, die die Industrie für die Wissenschaft zur Verfügung stellte. Der KWG gelang es dank einer großzügigen Politik, die besten Forscher an sich zu ziehen und sie zu fruchtbarster Entfaltung kommen zu lassen.

Neben die KWG mit ihren zahlreichen eigenen Instituten trat dann, aus den Nöten der Zeit nach dem ersten Weltkrieg geboren, die Notgemeinschaft der deutschen Wissenschaft unter ihrem tatkräftigen Präsidenten Exz. Schmidt-Ott, der wir alle, die wir in den letzten drei Jahrzehnten als Forscher haben tätig sein können, so unendlich viel verdanken. Wo der Staat versagte und wo die fast ganz auf staatliche Mittel angewiesenen Akademien ihre große Aufgabe nur unvollkommen erfüllen konnten, sie zum Teil vielleicht nicht einmal sahen, da setzte die Notgemeinschaft ein. Sie beschaffte Instrumente, bezahlte Hilfskräfte, rüstete Expeditionen aus und wurde sehr oft nicht nur Helfer in der Not, sondern auch Quelle der Anregung.

Heute ist die Lage von Grund aus verändert. Die reichen Hilfsquellen der KWG und der Notgemeinschaft sind versiegt und werden in absehbarer Zeit nicht mehr fließen können. Dafür aber besinnt sich der Staat bzw. das, was wir heute an staatlichen Einrichtungen bereits wieder besitzen, auf seine hohen Verpflichtungen gegenüber der Wissenschaft als einem wesentlichen Bestandteil der Kultur. Wir haben aus dem Munde des Präsidenten gehört, mit welch reichen Mitteln unsere Akademie ausgestattet werden soll. Wenn manchem angesichts der äußeren Notlage, in der wir uns befinden, Bedenken aufsteigen wollen, ob wir uns das leisten können, dann mag ihm entgegengehalten werden, daß der Verzicht auf eine der Zerstörung dienende Kriegsmaschinerie, die vordem fast alles verschlang, was der Fleiß unseres Volkes erarbeitete, alle Hilfsquellen freimacht für positive Arbeit zur Förderung der Kultur. Bei aller Beschränkung unseres materiellen Lebens dürfen und müssen wir doch groß denken, nicht in dem Größenwahn nationalsozialistischer Mammutpläne, denen das tragende Fundament fehlte, sondern in den der Aufgabe angemessenen richtigen Maßstäben, die allerdings bestimmt werden durch die Lebensbedingungen, die uns überhaupt gelassen werden.

Vielleicht wird der Name, mit dem die alte Preußische Akademie jetzt eine neue Ära beginnt: „Deutsche Akademie der Wissenschaften zu Berlin“, mancherorts mißverstanden oder mißdeutet. *Wir* sehen in dem Namen weniger einen Anspruch auf eine Vormachtstellung in einem zentralistischen, von Berlin aus geleiteten Staat als vielmehr eine Verpflichtung, die der Akademie daraus erwächst, daß sie das verwaiste Erbe aus dem Zusammenbruch all der Einrichtungen antritt, die einst in Berlin ihren Sitz hatten, und daß sie darüber hinaus klar die große Chance erkannt hat, die ihr gerade in diesem Zeitpunkt durch die Besinnung auf ihre historische Aufgabe gegeben wird. Sie knüpft an alte Traditionen an und nimmt wieder auf, was ihr im Laufe einer von dieser Tradition abweichenden Entwicklung verlorenging, und sie wird sich neue Aufgaben stellen, die sich aus den erweiterten Verpflichtungen ergeben.

Wenn die Deutsche Akademie der Wissenschaften zu Berlin als „höchste wissenschaftliche Einrichtung", wie es in ihrem neuen Statut heißt, alles zusammenfaßt, was an Forschung innerhalb der Nation geleistet wird, ist sie damit zugleich Vermittlerin für die Zusammenarbeit der Nationen. Gerade in der Astronomie, deren Gegenstand menschliche Maße so weit übersteigt, steht internationale Gemeinschaftsarbeit stärker im Vordergrund als auf manchen anderen Gebieten. Einst wurde diese Arbeit getragen von der „Astronomischen Gesellschaft". Sie war bis zum ersten Weltkrieg *die* internationale Vereinigung der Astronomen, unter deutscher Führung, mit einem zur Hälfte aus Deutschen bestehenden Vorstand. Sie bestand weiter, als die Internationalen Unionen ins Leben gerufen wurden und die Organisation der Zusammenarbeit übernahmen, verlor aber notwendigerweise an Bedeutung durch die politische Entwicklung seit 1933. Sie ist heute tot und wird wohl kaum wieder in der alten Form und Bedeutung aufleben können. Die internationale astronomische Zusammenarbeit der Zukunft wird in der International Astronomical Union geleistet werden. Es wird zu prüfen und zu klären sein, welche Rolle in diesem Zusammenhang künftig die Akademie als Vertreterin einer deutschen Wissenschaft spielen soll.

Über die Akademie wird auch einer der Wege erschlossen werden können, auf dem wir in Zukunft mehr als bisher werden gehen müssen, wenn wir teilnehmen wollen an dem friedlichen Wettbewerb der Nationen. Die klimatischen Bedingungen Mitteleuropas haben schon lange Pläne entstehen lassen zur Schaffung von Beobachtungsstationen außerhalb des Landes, und die Beschränktheit der eigenen instrumentellen Hilfsmittel hat dazu geführt, nach Gastarbeitsplätzen an großen Instituten des Auslandes Ausschau zu halten. Wenn hier nicht nur zufällige Initiative des Einzelnen wirksam sein wird wie vielfach bisher, sondern die Akademie fördernd und lenkend mit ihrem Gewicht sich einsetzt, wird der Erfolg nicht ausbleiben, den nicht zuletzt der Gedankenaustausch an solchen internationalen Arbeitsstätten mit sich bringt.

Damit komme ich zu der letzten Frage, die sich aufdrängt, wenn wir so große Aufgaben ins Auge fassen, die internationale Zusammenarbeit erheischen:

„Welches wird denn überhaupt noch der deutsche Anteil am Fortschritt der Wissenschaft in Zukunft sein können?"

Hier darf ich anknüpfen an ein persönliches Erlebnis, das sich tief eingeprägt hat. Es war am 3. Mai 1933, als wir zur ersten Feier der Göttinger Universität unter der neuen Führung vor der Aula auf dem alten Wilhelmplatz standen. Der Vertreter der Dozentenschaft entwickelte das Programm der nationalsozialistischen Universität. Im Verlauf dieser Rede fielen, mit besonderer Betonung gesprochen, die inhaltsschweren Worte: „Dabei verzichten wir bewußt auf die Weltgeltung der deutschen Wissenschaft." Im Gegensatz dazu wurde später der „Führungsanspruch der deutschen Wissenschaft angemeldet", wurde die Unterwerfung unter das international gültige Urteil der Gesamtheit der Nationen, wie es etwa in der Verleihung der Nobelpreise wirksam wird, ersetzt durch die Anmaßung eigener Selbstverherrlichung.

Die Folgen dieses „bewußten Verzichtes auf Weltgeltung" sind es, die wir zu spüren bekommen haben. Die Wiederherstellung des richtigen Maßes aber zwischen Anspruch und Leistung wird eine unserer vornehmlichsten Aufgaben sein müssen. Wir wollen keinen Führungsanspruch anmelden, sondern wollen uns bemühen, die Weltgeltung der deutschen Wissenschaft wieder durch ehrliche Arbeit zu erringen. In der Deutschen Akademie der Wissenschaften zu Berlin aber wollen wir die Institution sehen, die als Verkörperung des wissenschaftlichen Lebens der Nation die international anerkannten Maßstäbe mit setzen hilft.

Was aber können wir heute der Menschheit noch oder schon wieder bieten nach einem Zusammenbruch ohnegleichen, der uns fast aller materiellen Hilfsmittel beraubt hat, die wir für nötig erachten, um die Arbeit mit auch nur einiger Aussicht auf Erfolg aufzunehmen?

Ein heißes Herz, das von brennender Liebe erfüllt ist zu der Wissenschaft, der wir einst als junge Menschen unser Leben verschrieben haben und der zu dienen wir durch all die Jahre des Infernos unablässig bemüht waren.

Einen kühlen Verstand, der hellsichtiger geworden ist durch das Erlebnis all des Leides, das über die ganze Welt ausgebreitet worden ist durch den Mißbrauch der Gewalt, die eine zu höchster Vollkommenheit gesteigerte Wissenschaft und Technik in die Hände der Menschen gelegt hat.

Und schließlich einen durch nichts zu brechenden Willen, über alle Anfechtung und Niedergeschlagenheit hinweg zu neuer Tat zu schreiten, um eine bessere Welt aufbauen zu helfen, in der der Geist über die Materie herrschen und die Voraussetzungen schaffen soll für die Pflege alles dessen, was wir unter Kultur schlechthin verstehen.

Damit wir den Tag erleben mögen, wo wir aus innerster Überzeugung und ohne das leise Zagen, das wir heute noch nicht ganz bannen können, mit Ulrich von Hutten wieder ausrufen dürfen: „*O saeculum, o literae, iuvenat vivere* – O Jahrhundert, o Wissenschaften, es ist eine Lust zu leben!“

DIE „VORTRÄGE UND SCHRIFTEN" WENDEN SICH AN DIE WEITEN KREISE DERER, DIE AN WISSENSCHAFTLICHER FORSCHUNGSARBEIT ANTEIL NEHMEN

In Vorbereitung sind weiter folgende Hefte:

Genuß und Betäubung durch chemische Mittel
Öffentlicher Vortrag, gehalten am 12. Juni 1947 an der Deutschen Akademie der Wissenschaften zu Berlin von Prof. Dr. Wolfgang Heubner

Über das Naturrecht
Öffentlicher Vortrag, gehalten am 10. Juli 1947 an der Deutschen Akademie der Wissenschaften zu Berlin von Prof. Dr. H. Mitteis

Leitmotiv der Erdentwicklung
Öffentlicher Vortrag, gehalten am 13. Februar 1947 an der Deutschen Akademie der Wissenschaften zu Berlin von Prof. Dr. H. Stille

Atome, Sterne, Weltsysteme
Öffentlicher Vortrag, gehalten am 14. Mai 1947 an der Deutschen Akademie der Wissenschaften zu Berlin von Prof. Dr. H. Kienle

DIE HEFTE ERSCHEINEN IN ZWANGLOSER FOLGE

Bei Fragen zur Produktsicherheit wenden Sie sich bitte an:
If you have any questions regarding product safety,
please contact:

Walter de Gruyter GmbH
Genthiner Straße 13
10785 Berlin
productsafety@degruyterbrill.com